马铃薯主食加工系列丛书

不可不知的马铃薯焙烤类食品

丛书主编　戴小枫

主　　编　孙红男

中国农业出版社

图书在版编目（CIP）数据

不可不知的马铃薯焙烤类食品 / 孙红男主编 . —北京：中国农业出版社，2016.6
（马铃薯主食加工系列丛书 / 戴小枫主编）
ISBN 978 - 7 - 109 - 21648 - 8

Ⅰ.①不…　Ⅱ.①孙…　Ⅲ.①马铃薯-焙烤食品
Ⅳ.①TS215

中国版本图书馆 CIP 数据核字（2016）第 097421 号

中国农业出版社出版
（北京市朝阳区麦子店街 18 号楼）
（邮政编码 100125）
责任编辑　张丽四

三河市君旺印务有限公司印刷　新华书店北京发行所发行
2016 年 6 月第 1 版　2016 年 6 月河北第 1 次印刷

开本：880mm×1230mm　1/32　印张：1
字数：20 千字　印数：1～50 000 册
定价：8.00 元
（凡本版图书出现印刷、装订错误，请向出版社发行部调换）

丛书编写委员会

主　　任：戴小枫

委　　员（按照姓名笔画排序）：

王万兴　　木泰华　　尹红力　　毕红霞　　刘兴丽

孙红男　　李月明　　李鹏高　　何海龙　　张　泓

张　荣　　张　雪　　张　辉　　胡宏海　　徐　芬

徐兴阳　　黄艳杰　　谌　珍　　熊兴耀　　戴小枫

本书编写人员

（按照姓名笔画排序）

木泰华　　刘兴丽　　孙红男

何海龙　　戴小枫

目 录

一、什么是焙烤类食品?

焙烤食品从广义上讲，泛指用面粉及各种粮食及其半成品与多种辅料相调配，经过发酵或直接用高温焙烤作为熟制方法的一系列食品，如面包、饼干、饼、馕、蛋糕等。焙烤食品从狭义上讲，多数焙烤食品亦属于西式糕点，如饼干、面包、蛋糕、小西点等。无论广义上还是狭义上，面包都是焙烤食品的主要类型。

二、马铃薯的营养价值是什么？

马铃薯，又名土豆，是茄科茄属，一年生草本，块茎可供食用，是重要的粮食、蔬菜兼用作物。马铃薯是我国主要的粮食和蔬菜作物之一，又是重要的工业原料，其加工增值潜力大，具有较高的开发利用价值，被誉为 21 世纪最有发展前景的经济作物之一。同时，马铃薯营养成分全面，水分多、脂肪少、单位体积的热量相当低，而且所含维生素和矿物质丰富，维生素 C 是苹果的 10 倍，B 族维生素是苹果的 4 倍，各种矿物质是苹果的几倍至几十倍不等；此外还含有许多促进人体健康的生物活性物质如多酚、黄酮、类胡萝卜素等功能成分。这些成分已被发现可以在预防和治疗癌症、糖尿病及心血管疾病等方面发挥重要作用。马铃薯作为全世界公认的营养食品，被称为"十全十美"的营养食品，在欧洲等国家被称为"第二面包""地下苹果"。马铃薯食品已成为21 世纪的一种消费时尚。

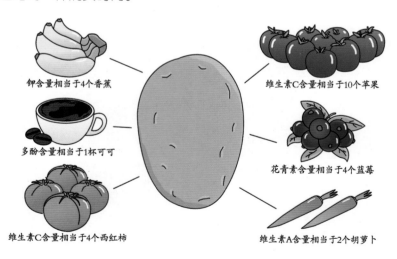

钾含量相当于4个香蕉

多酚含量相当于1杯可可

维生素C含量相当于4个西红柿

维生素C含量相当于10个苹果

花青素含量相当于4个蓝莓

维生素A含量相当于2个胡萝卜

三、马铃薯焙烤类食品的营养价值如何？

1. 蛋白质氨基酸组成

马铃薯焙烤类食品蛋白质的氨基酸组成更均衡。谷物蛋白中赖氨酸缺乏，会造成胃液分泌不足而出现厌食、营养性贫血，致使中枢神经受阻、发育不良，而马铃薯粉的蛋白含量虽然略低于小麦粉，但其中的赖氨酸含量明显高于小麦蛋白，因此，将马铃薯粉与小麦粉按一定比例混合后，可以发挥蛋白质互补作用，使焙烤类食品中混合蛋白的营养价值显著高于普通小麦面包。

2. 膳食纤维

马铃薯焙烤类食品富含膳食纤维，众所周知，膳食纤维可以增强消化功能、吸附和加速食物中致癌物质和有毒物质的排泄，保护脆弱的消化道，预防结肠癌，还可以减缓食物消化速度，吸附胆汁酸、脂肪和促进胆固醇排泄，使血糖、血脂和血胆固醇控制在理想的水平，因此可以在预防心血管疾病、癌症、糖尿病等多种疾病方面发挥重要作用。

3. 维生素

马铃薯焙烤类食品中各种维生素的含量也相当丰富，特别是维生素 C 含量，众所周知，维生素 C 具有增强免疫力，预防感冒，促进胶原蛋白合成，使皮肤光滑、美白、有弹性，抗氧化、解毒等作用，而且可以减少烟、酒、药物及环境污染对身体的损害。

4. 矿物元素

马铃薯焙烤类食品中矿物元素的含量十分丰富，特别是钾的含量，明显高于小麦粉制作的同类产品，钾是人体生长必需的营养素，对于维持心肌的正常功能、降低血压、肾功能障碍及中风等均有非常重要的作用。

5. 生物活性物质

此外，马铃薯焙烤类食品还含有较高的生物活性物质，其总酚含量较高，特别是红色和紫色的，多酚类物质具有较高的抗氧化活性。此外，研究证明植物多酚还具有抑制癌症、预防心血管疾病、延缓衰老等多种生理功能。

四、为什么要将马铃薯应用于焙烤类食品?

1. 焙烤类食品的消费情况

生活节奏的加快使焙烤类食品成为人们青睐的食品,尤其是都市青年人群体,焙烤类食品因其快捷性、方便性成了他们的首选,如:面包、蛋糕、饼干等,这些食品在影响人们生活快节奏的同时,更为人体每天需要的营养提供能量。低年龄层次的人群和较高年龄层次的群体更热衷于焙烤类食品,青少年更是焙烤类食品消费的主力军。

2. 焙烤类食品的可选择性

焙烤类食品花色较多,可选择性大大增加。特别是一些花色糕点,早已受到人们的欢迎,焙烤类食品已成为饮食业销售量很大的品种。尤其是在一些大中城市,成为人们外出旅游、节日庆贺的必备食品。

3. 马铃薯可使焙烤类食品营养均衡

传统的焙烤类食品往往由精米白面制作而成,而长期食用精米白面会导致脂肪肝、糖尿病等慢性病的发生,我国的慢性"富贵病"呈直线上升。生产营养成分丰富、各营养成分比例均衡以及符合人体需要模式的营养平衡食品是焙烤类食品开发的根本趋势。由此可见,未来焙烤类食品配料必须以营养成分丰富和各营养成分比例关系平衡为目标,改变人们长期以来过分追求"色、香、味、形"精米白面的饮食习惯。

马铃薯富含蛋白、膳食纤维、维生素、矿物元素、多酚类物质等营养与功能成分,是全球公认的营养食品。因此,由马铃薯替代一部分或全部精米白面是未来焙烤类食品发展的必然趋势。

4. 我国马铃薯产量高,但消费量低

我国马铃薯种植面积和产量约占世界的 25% 左右,均居世界首位(FAOSTA, 2016),然而受消费习惯和市场需求等因素的影响,马铃薯

在我国的生产消费总体增长速度不快、生产水平不高、消费能力不强。在我国大部分地区，马铃薯主要是以"菜"为主要消费形式的，大众餐桌上很少见到马铃薯焙烤类食品。人均年消费量仅为 35 千克，约为欧美等发达国家马铃薯人均年消费量（93 千克）的 1/3，不到消费量最高国家——白俄罗斯（181.2 千克/年）的 1/5。

5. 全世界约有 50%的马铃薯用于加工转化

在欧美等发达国家，马铃薯是日常生活中不可缺少的食物之一，且多以主食形式消费，颇得消费者的青睐。其主要加工特点如下：

（1）品种丰富；

（2）体系完整、集中度高；

（3）信息化程度高；

（4）生产规模大、自动化程度高；

（5）工艺、设备先进；

（6）综合利用率高。

6. 我国马铃薯加工转化率较低

目前世界马铃薯加工产品已达上千种，美国、荷兰、日本加工比例均超过 50%，而我国仅有 9.4% 的马铃薯用于加工转化，且最主要的产品形式为淀粉、全粉等，产品单一、营养价值低，极大地限制了马铃薯的消费。要想提高我国马铃薯的加工转化率，增加马铃薯在我国居民日常消费中的比例，就必须结合我国居民的消费趋势，开发新型的、适合大众消费的马铃薯焙烤类食品，如面包、蛋糕等。

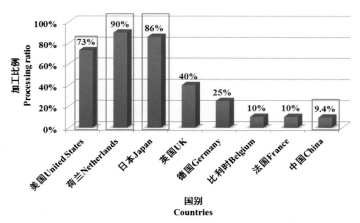

2013 年世界马铃薯加工行业发展现状

7. 马铃薯应用于焙烤类食品能够充分利用我国现有农业资源

马铃薯在种植过程中相对小麦、玉米及水稻等作物更耐贫瘠、耐干旱，且产量高、增产潜力大。特别是新近出台的《2016 年我国居民膳食指南建议》明确提出：每人每周应食薯类 5 次左右，每次 50 ~ 100克，而马铃薯作为薯类食物的代表受到大众的喜爱。因此，从高度利用有限的耕地资源、水资源以及改善我国居民营养膳食结构等多方面因素来考虑，马铃薯应用于焙烤类食品对充分利用我国现有的农业资源，促进马铃薯的消费，丰富我国焙烤食品的种类，满足现代社会我国居民对主食多样化的迫切需求等都具有重要意义。

五、如何制作马铃薯焙烤类食品？

从焙烤食品的定义可知，无论广义上还是狭义上，面包都是焙烤食品的主要类型，下面我们对各种马铃薯面包进行一一介绍，并对其他的焙烤类食品如饼、馕、饼干、千层酥、蛋糕等，也进行简要介绍。

1. 马铃薯面包

（1）面包的定义

GB/T20981－2007 将小麦粉面包定义为：以小麦粉、酵母、食盐、水为主要原料，经搅拌面团、发酵、整形、烘烤或油炸等工艺制成的松软多孔的食品，以及烤制成熟之前或之后在面包坯表面或内部添加奶油、人造黄油、蛋白、可可、果酱等后制成的食品。

（2）面包的起源

"埃及奴隶睡着了，发明了面包。"

传说公元前 2600 年左右，有一个埃及奴隶为主人用水和面粉做饼。

一天晚上，饼还没有烤好，他却睡着了，炉子也灭了。夜里，生面饼开始发酵，膨大了，等到这个奴隶一觉醒来时，生面饼已经比昨晚大了一倍。他连忙把面饼塞回炉子里去，他想这样就不会有人知道。没想到，饼烤好后又松又软。也许是暴露在空气里的野生酵母菌或细菌利用生面饼面粉里的营养，经过了一段时间的发酵后，迅速生长并传遍了整个面饼，使面饼成了"面包"。此后，埃及人继续用这些酵母菌做实验，成就了世界上第一代面包。

（3）面包的分类
颜色区分

① 白面包：制作白面包的面粉来自麦类颗粒的核心部分，由于面粉颜色白，所以面包颜色也是白的。

② 褐色面包：制作该种面包的面粉中除了麦类颗粒的核心部分之外，还包括胚乳和麸皮。

③ 全麦面包：制作该面包的面粉包括了麦类颗粒的所有部分，因此这种面包也叫全谷面包，面包颜色比前述褐色面包深。北美地区人们较喜爱食用此类面包。

④ 黑麦面包：面粉来自黑麦，内含高纤维素，面包颜色比全麦面包还深。主要食用地区和国家有北欧、德国、俄罗斯、波罗的海沿岸、芬兰等。

材料区分

① 主食面包：顾名思义，即当作主食来消费的面包。主食面包的配方特征是油和糖的比例较其他产品低一些。根据国际上主食面包的惯

例，以面粉量作基数计算，糖用量一般不超过 10%，油脂低于 6%。因为主食面包通常是与其他副食品一起食用，所以本身不必要添加过多的辅料。主食面包主要包括弧顶枕形面包、大圆形面包、法式面包。

② 花色面包：花色面包的品种甚多，包括夹馅面包、表面喷涂面包、油炸面包圈及形状差异的品种等几个大类。以面粉量作基数计算，糖用量 12%～15%，油脂用量 7%～10%，还有鸡蛋、牛奶等其他辅料。与主食面包相比，其结构更为松软，体积大，风味优良，除面包本身的滋味外，还有其他原料的风味。

③ 调理面包：属于二次加工的面包，用烤熟后的面包再一次加工制成，主要品种有三明治、汉堡包、热狗等三种。实际上这是从主食面包派生出来的产品。

④ 酥油面包：由于配方中使用较多的油脂，又在面团中包入大量的固体脂肪，所以该产品既保持了面包特色，又近于馅饼及千层酥等西点类食品。此类产品问世以后，由于酥软爽口，风味奇特，更加上香气浓郁，备受消费者的欢迎，消费量获得较大幅度地增长。

（4）马铃薯主食面包

食材用料：高筋面粉 480 克，马铃薯全粉 120 克，酵母 12 克，盐 3 克，温水 420 毫升

做法：

① 在大容器中混合酵母、盐和温水，使酵母完全溶解。然后加入马铃薯全粉和高筋面粉，用木勺搅拌至形成均匀、光滑的面团。这个步骤几分钟就能完成。

② 盖上笼布或盖子，室温发酵 2 小时左右，使面团膨胀 2～3 倍大。

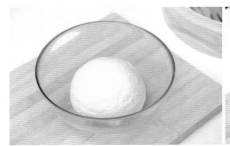 

③ 把面团取出来，为了不黏手，先在面团上面撒一层薄薄的高筋面粉，然后迅速抓起面团，用刀切成均匀的小面团，揉搓成球形。然后放在铺了烘焙防粘油纸的盘子上，发酵 30 分钟。

④ 放入 160℃ 烤箱内，焙烤 30 分钟（焙烤前烤箱预热 30 分钟）。

（5）马铃薯酥皮面包

食材用料：高筋面粉 400 克，马铃薯全粉 100 克，无盐黄油 250 克，盐 7 克，砂糖 80 克，干酵母 10 克，鸡蛋 1 个，全脂牛奶 300 毫升，橄榄油（馅料）适量，蘑菇（馅料）200 克

做法：

① 将黄油用擀面杖拍扁成片状黄油，放入冰箱冷藏 2 小时。

② 将高筋面粉、马铃薯全粉、盐、糖和酵母在盆中混合均匀。加入鸡蛋和部分牛奶来揉面，直到揉成光滑的面团。将面团用保鲜膜盖好，放入冰箱冷藏 2 小时左右。

③ 面团冷藏好后取出，擀成长方形，将冷藏好的片状黄油放到面饼上，占面饼的3/2面积（就是面饼下方2/3处）。将面饼上方1/3处向下折叠，再把下面1/3部分折叠上去，这样就有三层了。捏一捏面饼的边缘，使黄油尽量不要露出来。盖上保鲜膜，在冰箱中冷藏1个小时。

④ 冷藏后，再将面团擀成一个长方形，折叠两次。擀面团的时候要注意，一定要从中间向上擀，再向下擀。如果从下往上擀，黄油会被挤出去。

⑤ 盖上保鲜膜，在冰箱中冷藏1小时。冷藏好后再重复一次擀面、折叠的过程即可。第三次折叠完之后建议将面团冷藏过夜后再制作。

⑥ 将冷藏过夜的面团擀成一个长方形，厚度比1厘米稍微薄一些就好。

⑦ 馅料的制作（需要提前做好）：锅中放橄榄油，加入蘑菇，炒5分钟。直到蘑菇被炒到变软。之后离火撒些盐和调味，静置冷却，之后将馅料撒在面饼上。

⑧ 将面饼从上向下卷起来，卷的时候要一边卷一边拉一下面团保证卷得紧实。之后将接合处捏紧。

⑨ 将面团分成同等大小的小卷，用保鲜膜盖起来，发酵1小时。

⑩ 在发酵好后的面团表面刷些鸡蛋液，入烤箱中烘烤20分钟（烤箱预热至180℃）。烤好后稍微晾凉，温热的时候吃最好。

（6）马铃薯手撕面包

食材用料：高筋面粉400克，马铃薯全粉100克，盐7克，糖20克，黄油25克，干酵母10克，鸡蛋1个，全脂牛奶350毫升

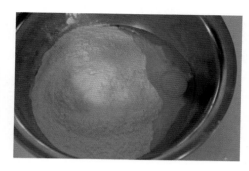

做法:

① 将牛奶和酵母混合均匀,倒入打散的蛋液,加入糖和盐混合均匀,倒入高筋面粉和马铃薯全粉。

② 将面粉揉成面团后,加入黄油,再揉成光滑面团。

③ 加入果酱,之后将面团揉成可拉出稍具透明的薄膜样子。

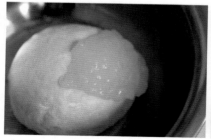 

④ 将揉好的面放在面包桶容器内,用发面档发酵60~80分钟。

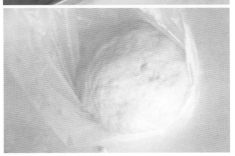

⑤ 将发酵后的面团分割成2等份,滚圆后盖保鲜膜,松弛10~15分钟。

⑥ 将每份面团先擀成椭圆形,从上往下卷起。

⑦ 将卷起的吐司放入吐司盒里,发酵30分钟,烤箱预热至200℃,入烤箱中烤35分钟左右,既成。

2. 马铃薯发面饼

食材用料：高筋面粉 400 克，马铃薯全粉 100 克，鸡蛋 2 个，牛奶 300 毫升，酵母 5 克

做法：

① 牛奶和酵母混合均匀，倒入打散的蛋液，倒入高筋面粉和马铃薯全粉，开始和面。

② 将和好的面团放在稍微温度高的地方，发酵 1 个小时左右。

③ 将发酵好的面团揉匀，然后分割成大小均匀的面团，团成小圆面团后擀成饼状，放案板上发酵 20 分钟。（注意：饼底部要撒干面粉防粘。）

④ 在平底锅内放少许油，放入发酵好的面饼，烙熟即可。

3. 马铃薯馕

食材用料：高筋面粉 240 克，马铃薯全粉 60 克，水 160 毫升，鸡蛋 1 个，糖 10 克，盐 6 克，酵母 3.5 克，玉米油（或者没特别异味的炒菜用油）30 克，根据口味酌情添加孜然胡椒粉等，芝麻少许

做法：

① 蛋和水混合均匀后，加入酵母融化。

② 将植物油与上述液体混合均匀，再与面粉、糖、盐混合均匀，揉搓成均匀光滑的面团。

③ 加盖或容器并覆盖保鲜膜（保湿），放温暖处发酵约 1 小时，膨大至 2 倍大。

④ 发酵完成后，将面团均匀分成 2 份，略略团成圆形，松弛 10 分钟。

⑤ 用擀面杖或者手，将面团压成中间薄、边缘一圈厚的面饼，撒上芝麻和胡椒盐等调料，静置 10～15 分钟。

⑥ 略略晾干饼面后，在饼上均匀地戳上花纹，之后将面放入烤盘上。

⑦ 烤箱一定要提前预热至 220℃，饼面入炉后，调温至 200℃ 烤制，饼会迅速膨胀起来，烤约 10～12 分钟至表面金黄即可。

4. 马铃薯磅蛋糕

食材用料：高筋面粉 400 克，马铃薯全粉 100 克，鸡蛋 4 个，牛奶 250 毫升，黄油 100 克，糖 30 克

做法：

① 模具表面涂上薄薄一层软化黄油，筛上面粉，轻轻磕掉多余的粉，冷藏备用。

② 将黄油切成小块，室温下软化。加入糖粉，用电动打蛋器打至发白、体积变大。

③ 将鸡蛋打匀，加入到黄油中，搅拌均匀。

④ 面糊中加入果酱、高筋面粉、马铃薯全粉，搅拌均匀。

⑤ 将搅拌好的面糊倒入模具中，约 8 分满。

⑥ 烤箱预热至 170℃，烘烤 25～30 分钟即可。

⑦ 出炉冷却 10 分钟后即可脱模。

5. 马铃薯千层酥

食用材料：高筋面粉 240 克，马铃薯全粉 60 克，杏仁粉 10 克，黄油 100 克，盐 1 克，水 150 毫升，芝麻适量

做法：

① 将高筋面粉、马铃薯全粉、盐、黄油各 20 克与水混合均匀，形成光滑的面团。

② 盖上保鲜膜 20 分钟。

③ 再将黄油 80 克放入保鲜袋内，擀成薄片状。

④ 取出步骤②中松弛好的面团，放到案板上，撒少许干面粉。把面团擀成长方形，长度是黄油片的 3 倍，宽度比黄油片稍宽一点即可，放入黄油片。

⑤ 把面片长的两端分别盖过来，再把短的两端也盖过来，翻过来擀成大的长方形，依次"叠被子"3～4 次后，将擀好的酥皮

切成长方形小块。

⑥ 放入烤箱，以 200℃ 烤
20 分钟左右即可。

6. 马铃薯冰冻曲奇饼干

食用材料：高筋面粉 160 克，马铃薯全粉 40 克，橙皮 20 克，无盐
黄油 120 克，糖粉 30 克，盐 2 克，香草油 4 克，全蛋液 25 克

做法：

① 黄油室温软化，用电动打蛋器打至顺滑但并不需要打发，即可
加入糖粉打匀。

② 分次加入蛋液，每次
都搅拌均匀。之后加入香草
油、高筋面粉、马铃薯全粉和
橙皮搅拌均匀。

③ 将拌好的面糊整形成正方形长条，包上保鲜膜，放入冰箱冷藏约 1 小时。

④ 取出冷藏后的面糊，切成 2 毫米左右的薄片，放在烤盘上。

⑤ 放入预热的烤箱，以 160℃烘烤 18 分钟左右，至金黄色。熄火后余温焖 10 分钟左右既成。

六、马铃薯焙烤类食品有何特色？

马铃薯焙烤类食品营养均衡，男女老少皆宜，是一种新型全营养保健型主食产品。在不断追求膳食多元和营养健康的今天，马铃薯焙烤类食品等马铃薯系列主食营养产品，必将为中国人优化膳食结构、增强体质和健康、弘扬中华传统饮食文化发挥独特的作用。

好吃着呢，
和家人一起分享吧！